回到远古看恐龙

去侏罗纪！

[俄]阿纳斯塔西亚•加尔金娜 著

[俄]叶卡捷琳娜•拉达特卡 著绘

索轶群 译

中国纺织出版社有限公司

感谢达莉娅·罗曼诺娃对本书的贡献。

嗨，这是双胞胎丽塔和尼基塔。他们非常喜欢阅读和恐龙有关的书籍。在他们看过的许多关于恐龙的书里，有一本最为特别。这本特别的魔法书将双胞胎带到了2亿多年前的侏罗纪时代。在那里，两个孩子见到了真正的恐龙！不幸的是，在那之后，这本书的魔法好像消失了，这让孩子们怀疑，夏天的那场探险，也许只是一场梦……

一天，丽塔准备画一只属于她自己的恐龙。她想，如果把画好的恐龙挂在床头，也许晚上睡觉的时候就会梦见它！于是她认真地拿出画笔，准备开始画画了。

尼基塔没什么事情可做，趴在上铺的小床上，手里摆弄着一支小木笛。猫咪桃子懒洋洋地倒在一堆毛绒玩具中间呼呼大睡，爪子无意间搭在了一本关于恐龙的书上。

“丽塔，你说恐龙会不会说话呀？”尼基塔突然问妹妹。

“当然不会了。”丽塔回答，“恐龙的脑袋那么小，它们肯定不会说话。”

“嗨，腕龙呢？它的头上有像梳子一样的骨脊，或许它可以发出像笛子一样嘟嘟嘟的声音呢？就像这样，嘟嘟嘟……”尼基塔一边说着，一边把木笛放到嘴边吹了起来。

“有可能吧……”丽塔若有所思地说，“要是真那样的话，我画的恐龙肯定又会说话又会唱歌。”

猫咪桃子睡得正香，却被嘈杂的笛子声吵醒了。它不满地抬起头，冲着尼基塔喵喵喵地尖叫。

“腕龙还是一种植食性恐龙呢。”尼基塔继续说。

就在这一瞬间，猫咪爪子下的那本关于恐龙的书开始发出耀眼的光芒。只见书本自动翻开了，一只颜色艳丽的蝴蝶从书中飞了出来。它在屋里转了几圈儿，又重新飞回了书里。好奇的桃子被蝴蝶吸引，想要抓住蝴蝶。它竖起耳朵，摇晃着尾巴，纵身一跃，跳进书里不见了。

“桃子，停下！不要！”兄妹俩异口同声地大喊。

但是一切都来不及了，书本的光芒太刺眼，兄妹俩紧紧地闭上了眼睛。等到他们再次睁开眼睛的时候，发现自己正身处在一片森林之中。

桃子也不在这里啊！附近的树旁有一只不太大的恐龙，背上、尾巴上和头上，都有像板子一样的东西。

“这是怪嘴龙！”丽塔大声说，“还好它是只植食类恐龙。啊！看到怪嘴龙了，咱们来到了侏罗纪时代！”

“我不记得怪嘴龙是什么样子的了。”尼基塔仔细观察着这只恐龙，“或许，这些背部的挡板是用来防御敌人的？”

“除了防御敌人，还能用来干什么？咱们赶紧走吧！”丽塔严肃地说，“还得去找桃子呢。虽然它也是只小“野兽”，可是怎么也比不上那些体积庞大的恐龙呀！”

“万一它被恐龙吃掉了怎么办！”尼基塔惊慌地叫道。兄妹俩赶紧出发去寻找桃子。

“桃子！喵～喵～”丽塔大声地呼唤着。

“你在哪儿啊，小桃子！”尼基塔也焦急地喊着。

没想到回应他们的是奇怪的声音，好像是谁在演奏笛子，声音“嘟—嘟—嘟—”地从各个方向传来。

突然，毛发凌乱的桃子从灌木丛中跳了出来，一下子爬到了一棵大树的顶端。

“是腕龙的声音！”尼基塔开心地说，“我知道，它们就是这么说话的！”

“它应该不会告诉咱们怎么才能抓到桃子吧？”丽塔有些伤心地问。

“咱们顺着树干爬上去，把桃子抱下来！”尼基塔建议说。说完，兄妹俩就开始慢慢地往树顶爬。好在这棵树分枝众多，有手抓和落脚的地方，所以他们几乎没费什么力气就爬了上去。

终于，尼基塔在树上捉住了桃子。

“嘿，你这只笨蛋猫咪，好不容易才找到你！”尼基塔一边说着，一边用手轻轻地抚摸桃子，想安慰安慰它。

桃子终于找到了，丽塔开心地爬到了哥哥身边。

“哇，好美啊！”坐在高高的树上，看着眼前的景色，丽塔忍不住感叹。

周围是一幅壮观的景象：茂密的森林后面是绵延的青山，瀑布和小河穿插在其中。河边，饮水、嬉戏的恐龙若隐若现。

这时候，一只像鳄鱼的巨大怪物突然从水中跃了出来，把在岸边喝水的恐龙吓得落荒而逃。大怪物的牙齿咬得咔嚓咔嚓直响，接着，又一头扎进了水里。

“那是棱角鳞鳄！”尼基塔大声喊。

“什么？什么是棱角鳞鳄？”丽塔有些害怕地问。

“这是一种外形很像鳄鱼的肉食恐龙。它们一般住在水里，会捕食来岸边喝水的恐龙。”尼基塔解释说。

“嘟—嘟—嘟—”，声音好像更近了。尼基塔朝妹妹使了个眼色，从口袋里拿出了自己的小木笛，大声地吹了两下。几分钟的沉寂之后，周围又响起了“嘟—嘟—嘟—”的声音。

“听见了吗？这是腕龙在回应我呢！”尼基塔开心地叫了起来。

不一会儿，一只腕龙从几棵树的后面冒了出来。它用嘟嘟的声音欢迎兄妹俩，尼基塔高兴地用小木笛为腕龙演奏了一首歌曲。

“嘟—嘟—嘟—”的声音回荡在树林间，“喵呜喵呜”，受到惊吓的猫咪也在为他们伴奏。

“这简直就是一场音乐会！”丽塔笑着说。

腕龙把长长的脖子向前探了探，想要仔细观察这对有趣的双胞胎兄妹。小猫咪桃子对腕龙凑过来的鼻子害怕得要命，用爪子紧紧地抓着尼基塔。

“哎，疼！桃子！别害怕，这是一只非常友善的恐龙。”尼基塔对猫咪说道。

“嗨，你好呀！”丽塔开心地和腕龙打招呼，“我叫丽塔，这是我的哥哥尼基塔。”

腕龙好奇地望着兄妹俩，轻轻地把脑袋搭在孩子们坐的那根树枝上。

“它是不是想帮咱们下去？”丽塔猜测说。

伴随着桃子的尖叫，兄妹俩坐上了这个巨大的“滑梯”，一个接一个地从腕龙的脖子上滑了下来，总算安全到达地面了。

“谢谢你，恐龙朋友！”兄妹俩异口同声地说。

腕龙叫了几声，像是在跟他们告别，然后它的身影就逐渐消失在了丛林中。丽塔疲惫地坐在草地上，突然，她听见附近传来一阵阵哀怨的低鸣声，兄妹俩顺着声音找过去，发现了一只年幼的恐龙。

“这是梁龙的幼崽。”尼基塔说，“还记得吗？咱们曾在书中读到过，梁龙在出发觅食前，会把自己的蛋埋在土里。”

“真可怜啊，看来它们也是不得已，才把自己的孩子留在这儿的。”丽塔说。

“它们没有别的选择。”尼基塔说，“梁龙需要补充许多食物来补充能量，维持体力，所以必须在寻找食物的路上不断前行。”

“可怜的小家伙。”丽塔抱起那只小恐龙，“没有爸爸妈妈在身边，它一定很难过吧。”

“不光是难过，一定还会很害怕吧，丛林里到处是野兽。”尼基塔一边说着，一边摸了摸小恐龙的脑袋。

这时候，兄妹俩脚下的土地突然震动了几下，远处传来低沉的吼叫声，好像还有小恐龙发出的呀呀的叫声。在附近草坪上吃草的怪嘴龙俯身贴近地面，背上的骨板都立了起来。丽塔把梁龙宝宝抱进怀里。刚平静下来的桃子，因为这突如其来的叫声，又变得狂躁不安起来，它用爪子紧紧地抓着尼基塔。

丽塔和尼基塔交换了一下眼神，决定躲到附近的灌木丛中去看个明白。透过层层树枝，他们看见了一只头上长角的巨大恐龙。在它旁边，和它一样头上长角的小恐龙在草地上翻滚、嬉闹，追逐着自己巨大的尾巴。正玩儿着，其中一只恐龙发现了飞舞的蝴蝶，决定改变追逐的目标，一不小心，却被脚下的树根绊倒，摔了个大跟头。

“这是凶猛的异特龙！”尼基塔小声说，“不过看起来倒没那么可怕。”

“小恐龙和妈妈一起玩儿，真好啊。”丽塔笑着感叹说，“这让我也想回到妈妈身边了。”

“咱们得赶紧找到魔法书，然后就能回家了！”尼基塔说。

兄妹俩小心翼翼地从灌木丛中走出来，尽量不弄出一点儿声响。梁龙宝宝趁大家不注意，从丽塔的怀里偷偷地溜走，钻进了草丛。

“再见，小家伙。”丽塔有些不舍地说。

魔法书并不难找，它就在桃子爬过的大树脚下静静地躺着。兄妹俩就是在那儿开启冒险之旅的。

丽塔和尼基塔把魔法书捧在手心里，小声说：“我们想回家！”就在那一刻，魔法书发出闪耀的光芒。转眼间，丽塔和尼基塔已经回到了自己的小房间。桃子开心地喵喵叫，朝自己心爱的毛绒玩具扑了过去。

“尼基塔，快看！”丽塔惊讶地指着魔法书。那本魔法书已经不再发出光芒，和一本普通的书没有什么区别了。

在打开的书页上，画着一个在草垛里睡觉的小梁龙宝宝，在它的旁边，躺着那支被尼基塔遗忘了的小木笛。

小小古生物学家手记

棱角鳞鳄

棱角鳞鳄是侏罗纪和白垩纪时期的一种爬行动物，是现代鳄鱼的远亲。科学家普遍认为，棱角鳞鳄是一种杂食动物，它们捕食水中的乌龟、小鱼还有其他动物，就和现代尼罗河鳄鱼一样。

棱角鳞鳄长约3米，
比乒乓球桌还要长一点。

异特龙

异特龙是侏罗纪时期一种极其危险的大型恐龙。它们高约3米，用强有力的后腿行走。它们的前腿虽然很短小，却长着锋利的指甲。

行动迟缓的梁龙、腕龙以及迷惑龙都跑不过行动敏捷的异特龙，因此常常成为异特龙的捕食对象。

异特龙一般独自捕食，但是当遇到较为大型的捕食对象时，它们会组团行动。古生物学家在北美洲发现的大型腕龙骨架旁边，就散落着大量的异特龙的遗骸。

腕龙

腕龙是侏罗纪时期的一种植食性恐龙，同时也是这个时期体型最巨大的恐龙之一。腕龙高约9米，如果它们生活在现代，可以轻松透过玻璃，望进你四楼的家。

腕龙适应群居生活，并且总是在不停地迁徙，寻找新鲜的食物。大家族式的生活和它们自身庞大的体型，帮助腕龙能够很好地击退自己的天敌——异特龙。

科学家们推测，腕龙头部的骨盖可以帮助它们发出声音。虽然很难断定它们发出的到底是一种怎样的声音，但是大概像笛子声，或是大象的低吼声。科学家们认为，腕龙可能是通过这种声音进行交流的，同时也可以用这种声音来吓退敌人。

怪嘴龙

怪嘴龙是一种身高只有1米左右的植食性恐龙（跟一个三岁的孩子差不多高），但是它的身体很长，就跟棱角鳞鳄一样（约3米）。它们的脑袋上覆盖着不大的骨扇。怪嘴龙不会奔跑，它们行动缓慢，灵活性差，遇到危险的时候，只能把身子俯在地面上。但是很少有肉食恐龙愿意冒着牙齿被硌碎的风险，去捕食怪嘴龙，它们身上的铠甲实在是太硬啦。

怪嘴龙的背部有着带骨刺的厚厚铠甲，保护自己抵御野兽的进攻。

梁龙

梁龙是一种有着长长脖子和尾巴的植食性恐龙。它们的身体很长，就跟腕龙差不多（大约长25米，有的甚至还要长），高度比腕龙稍低，大约4米，跟两层楼差不多高。

并不是每一种肉食类恐龙都能捕食到成年梁龙，除非是组团行动，单独行动会有很大的危险。

梁龙用四肢行走。有些科学家认为，当它们想吃大树顶端的树叶，或是遭遇敌人攻击的时候，通常会抬起前脚站起身来。又长又粗的尾巴帮助它们在族群中进行交流，尾巴摇晃起来的时候，可以为同伴预警周围的危险。

梁龙一般会把自己的蛋产在沙坑里，然后继续去寻找食物。梁龙宝宝孵化出来后，只能自己学习怎么在森林里躲避肉食恐龙。

长长的柔软的脖子不仅能让梁龙吃到树顶高高的叶子，弯曲脖子，还能帮它吃到低处的枝叶。

梁龙又长又粗壮的尾巴可以帮助它们在族群里和其他伙伴交流。尾巴摇摆着，就像一根有力的鞭子。